U0202062

西北工业大学出版社

千仞之桥
百炼之钢
铸木镂金
飞天巡洋
公诚勇毅
龙马精忠
中华灿烂
天大无疆

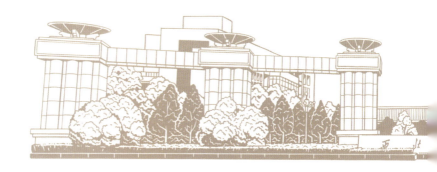

气宇轩昂
北斗辉煌
泽被万方
化育芃翔
巍巍学府
辈出栋梁
重德崇业
国乃盛强

公

公为天下
报效祖国

友谊校区南门（昔日景象）

那年我们天南海北由此入，
如今同学五湖四海出伟业。

友谊校区南门

面南,车水马龙;向北,学子如潮。

长安校区东门

秦岭脚下,终南山畔;
身居一隅,心怀天下;
三航四方,科技报国。

诚

诚实守信
襟怀坦荡

友谊校区图书馆西馆

白屋檐,红砖墙。履步向前,泛起书香。

友谊校区图书馆东馆

珍藏穿学士服的记忆，
用一张照片记录同窗的你，
四年一瞬，青春不老。

长安校区图书馆

鱼翔浅底,鹰击长空。吾日苦读,
笃定:长风破浪会有时,直挂云帆济沧海!

勇

勇猛精进

敢为人先

长安校区翱翔体育馆

奔跑与飞扬,
青春的汗水惊艳了时光,
也镌刻了荣耀。

启真湖

湖光映翠,柳丝轻柔;
清风拂面,有梦最美。

ARJ21

携商飞之翼,向幸福出发,
请给我拍张同框图!

毅

毅然果决
坚韧不拔

友谊校区西平(历史资料)

记忆里的西平,总是暖暖的。
窗外的梧桐绿了又黄,不知过了几多秋。

友谊校区西馆

上课、自习,
我过着西馆、食堂、宿舍三点一线的生活。
音乐铃声再慢些吧,等等奔跑的我。

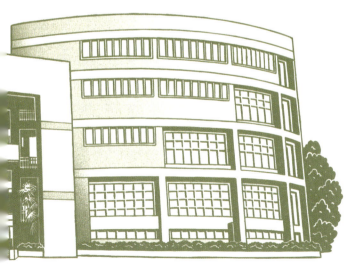

长安校区教学东楼

铺满黑板的算式,我解了三个通宵。

出版社

书海翱翔,指尖留香;
赠我以文,馈之成册;
文章句读,皆是芳华。